Supriya Subramani

O livro de texto sobre cerâmica avançada

Supriya Subramani

O livro de texto sobre cerâmica avançada

ScienciaScripts

Cover image: www.ingimage.com

This book is a translation from the original published under ISBN 978-3-659-91661-8.

Publisher:
Sciencia Scripts
is a trademark of
Dodo Books Indian Ocean Ltd. and OmniScriptum S.R.L publishing group

120 High Road, East Finchley, London, N2 9ED, United Kingdom
Str. Armeneasca 28/1, office 1, Chisinau MD-2012, Republic of Moldova, Europe
Printed at: see last page
ISBN: 978-620-7-73930-1

ÍNDICE DE CONTEÚDOS

RESUMO

As cerâmicas são sólidos inorgânicos, não metálicos, que podem existir sob a forma cristalina ou amorfa. As cerâmicas podem ser duras, quebradiças e estáveis a altas temperaturas. Estes materiais são menos densos e mais elásticos que os metais, e existem mesmo em pontos de fusão muito elevados. As cerâmicas podem ser de rede covalente e/ou de ligação iónica. As cerâmicas têm um módulo de elasticidade muito elevado e não são reactivas por natureza. Os materiais cerâmicos tornaram-se atualmente a pedra angular de tecnologias avançadas como a transformação, armazenamento e fornecimento de energia, as tecnologias da informação, os sistemas de transporte, a tecnologia médica e a tecnologia de fabrico. Os investigadores são as pessoas que concebem os processos de fabrico destes materiais cerâmicos, criam novos tipos de produtos e encontram muitas utilizações para os produtos cerâmicos na vida quotidiana. A cerâmica está connosco na nossa vida diária. Os tipos de materiais incluem coisas como azulejos, tijolos, pratos, vidro e ferramentas. A cerâmica pode ser encontrada em produtos como relógios, automóveis, céus de neve e linhas telefónicas. Também pode ser encontrada em vaivéns espaciais, electrodomésticos e voos.

Palavras-chave: Cerâmica, Piezo-cerâmica, Ferroeléctrica, Aplicações.

* Autor correspondente Correio eletrónico: sciencepriya@gmail.com

CAPÍTULO 1

1. CERÂMICA - INTRODUÇÃO

As cerâmicas são materiais muito importantes devido à sua elevada condutividade térmica, elevada resistência mecânica, boas características de isolamento, propriedades dieléctricas moderadas e elevada durabilidade química, por exemplo: A alumina (HTCC: cerâmica de cozedura a alta temperatura) é o material cerâmico mais popular para os pacotes de semicondutores. No entanto, para dispositivos de potência como amplificadores de potência para estações de base ou para satélites, é necessário um material de condutividade térmica mais elevada para dissipar o calor gerado nos dispositivos. Para satisfazer este requisito, o nitreto de alumínio (AlN), que tem uma elevada condutividade térmica (TC) e um baixo coeficiente de expansão térmica comparável ao do Si, tem sido adotado para os pacotes que requerem uma elevada dissipação térmica [1].

Outra tendência do mercado, no sentido de potências mais elevadas, frequências de trabalho mais elevadas e menor consumo de energia, exige a redução da resistividade dos condutores nos pacotes de cozedura. Para satisfazer este requisito, foram desenvolvidas cerâmicas de vidro (LTCC: cerâmicas de cozedura a baixa temperatura) com condutores de prata ou cobre.

Foram desenvolvidos novos materiais, tais como um novo AlN que pode ser co-queimado a baixa temperatura para reduzir os custos. O segundo é um novo LTCC que tem um elevado coeficiente de expansão térmica. O terceiro é também um novo LTCC que tem baixa permissividade e baixa tangente de perda a alta frequência.

As cerâmicas à base de óxidos metálicos são principalmente utilizadas em circuitos para proteção contra picos indutivos, picos de ruído muito curtos ou picos de energia. Os varistores à base de ZnO tornaram-se populares devido à elevada não linearidade das características tensão-corrente [2].

CAPÍTULO 2

2. PRINCIPAIS COMPOSTOS CERÂMICOS E SUA IMPORTÂNCIA

Enquanto algumas perovskitas à base de chumbo, tais como Pb(MgNb)- PbTiO (PMN-PT), PbTiO (PT) e Pb(ZnNbPbTiO) (PZN-PT), foram cultivadas como monocristais que são úteis para os principais dispositivos, tais como posicionadores electromecânicos, transdutores de ultra-sons médicos e de sonar, amortecedores de vibrações e motores ultra-sónicos. As perovskitas policristalinas à base de chumbo, como a PbZr,TiO (PZT), e desde que os monocristais PZN-PT e PMN-PT demonstraram recentemente ter coeficientes de deformação piezoeléctrica e factores de acoplamento eletromecânico excepcionais, bem como uma deformação de atuação ultra-alta e de baixa histerese superior a 1% quando orientada nas direcções <100>.

Em comparação com as perovskitas de chumbo que exibem uma elevada resposta piezoeléctrica ou electrostrictiva, como o titanato de zircónio de chumbo ~PZT e o niobato de magnésio de chumbo PMN, utilizados comercialmente em transdutores, sensores e actuadores há mais de 30 anos, estes compostos são de interesse devido à sua toxicidade reduzida, facilidade de processamento, módulos elásticos mais elevados, menor densidade, maior resistência e maior tenacidade à fratura [3].

As perovskitas ferroeléctricas complexas à base de chumbo têm recebido uma atenção considerável por parte de instituições industriais e académicas. As perovskitas à base de chumbo têm encontrado aplicação em condensadores, actuadores e detectores piroeléctricos.

O comportamento dielétrico dos materiais complexos à base de chumbo é o resultado da distribuição química subjacente dos catiões do sítio B na estrutura de perovskite. Setter e Cross demonstraram com o Pb(ScTa)O3 que a distribuição dos catiões Sc e Ta do local B podia ser adaptada através de vários tratamentos térmicos (recozimento e têmpera). As forças motrizes para a difusão dependem das diferenças de valência e dos raios iónicos entre os catiões do sítio B. Quando existe uma elevada desordem de ocupação entre os catiões do sítio B, resulta um gradiente químico e de deformação à nanoescala. Estes gradientes impedem o comportamento ferroelétrico "normal" de longo alcance, desenvolvendo-se os chamados materiais ferroeléctricos relaxantes super-paraeléctricos. Os materiais relaxantes têm microrregiões polares que se formam ao longo de uma vasta gama Curie e, devido ao seu pequeno tamanho, são facilmente agitados termicamente nas várias direcções polares. Estes relaxantes são caracterizados por uma relação permissividade-temperatura dispersiva de frequência alargada. Com uma sub-rede de sítio B altamente ordenada numa perovskite, o comportamento ferroelétrico deixa de ser perturbado por inomogeneidades em nanoescala e ocorre um comportamento ferroelétrico "normal" de longo alcance.

O niobato de potássio, KNbO3 (KN), tem uma simetria ortorrômbica à temperatura ambiente, e tem transições de fase a -10°C, *225°C* e 425° C para romboédrico → ortorrômbico → tetragonal → cúbico, respetivamente. Os monocristais de KN são conhecidos por terem uma elevada atividade piezoeléctrica. Por conseguinte, a dependência da orientação dos factores de acoplamento eletromecânico dos monocristais de KN foi investigada para explorar cortes óptimos para transdutores ultra-sónicos e dispositivos piezoeléctricos ressonantes. No entanto, o monocristal de KN é demasiado caro para ser utilizado como material piezoelétrico sem chumbo em produtos comerciais típicos [4].

Por outro lado, o niobato de potássio (KNbO3) é um material ferroelétrico com uma estrutura de perovskite que apresenta simetria ortorrômbica à temperatura ambiente, e o KNbO3 é um candidato a material piezoelétrico sem chumbo, uma vez que o cristal único apresenta uma grande quantidade de piezoeletricidade e um elevado ponto de Curie. No entanto, não é possível obter um corpo cerâmico denso na cozedura normal ao ar em cerâmicas de KNbO3. O método de prensagem a quente é utilizado para obter um corpo cerâmico denso. Além disso, há uma série de outras fases que são de niobatos de potássio que não têm uma relação de 1 : 1 de K e Nb, e algumas das quais são deliquescentes. Assim, existem dois problemas sérios, corpo poroso e deliquescência, a serem resolvidos nas cerâmicas de KNbO3. Por outro lado, o KNbO3 e o NaNbO3 formam soluções sólidas para todas as proporções consideradas.

No entanto, estas cerâmicas de solução sólida também são porosas sob cozedura normal no ar, tal como as cerâmicas de KNbO3 [5].

A composição da perovskita Pb(Co) tem uma sub-rede de sítio B altamente ordenada. Tem havido muito debate na literatura sobre a natureza da fase férrica abaixo da transição a 32° C, quer se trate de uma transição de fase antiferroeléctrica ou ferroeléctrica deslocada. Um estudo recente das temperaturas de transição em função da pressão hidrostática sugere fortemente que o Pb(CoW) tem uma natureza antiferroeléctrica abaixo de Tc. Nos últimos anos, a família de ferroeléctricos estruturados em camadas de bismuto tem recebido muita atenção como candidatos a memórias de acesso aleatório ferroeléctricas. Os materiais dopados com a série Bi4Ti3O12 ~BiT são membros da família Aurivillius amplamente estudados devido à sua grande polarização espontânea ao longo do eixo a ~50 mC/cm^2 , baixa temperatura de processamento, elevada temperatura de Curie e materiais isentos de Pb

O interesse tecnológico no Na0,5Bi0,5TiO3 (NBT) [6], K0,5Bi0,5TiO3 (KBT) [7], nas suas soluções sólidas e nos seus derivados dopados tem sido motivado pelo facto de estes ferroeléctricos relaxantes específicos estarem entre os poucos que não contêm átomos de chumbo, o que os torna adequados para a próxima geração de piezoeléctricos sem chumbo amigos do ambiente.

A cerâmica Na - K_{1xx3} NbO(NKN) é um material candidato promissor para cerâmicas piezoeléctricas sem chumbo devido às suas boas propriedades piezoeléctricas. Foi relatado que as cerâmicas NKN prensadas a quente têm boas propriedades piezoeléctricas de d33=160 pC/N e kp=45%. No entanto, as cerâmicas NKN são difíceis de sinterizar pelo método convencional de estado sólido e derretem quando expostas à humidade. Foram também investigadas soluções sólidas de cerâmicas NKN para evitar os problemas de deliquescência e de não-interabilidade das cerâmicas NKN. Em especial, as soluções sólidas de (NKN)LiNbO3 e (NKN) LiNb,Ta,Sb foram reportadas como tendo boas propriedades piezoeléctricas. As cerâmicas NKN-BaTiO3 também foram investigadas, mas as suas propriedades piezoeléctricas não foram satisfatórias [8].

2.1 Evolução dos materiais cerâmicos

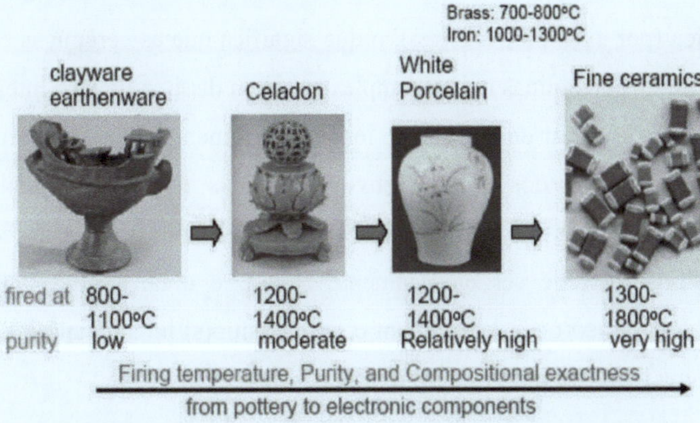

Fig. 1. Materiais cerâmicos a diferentes temperaturas

A Fig. 1 explica as aplicações dos materiais cerâmicos a diferentes níveis de temperatura. Os materiais cerâmicos que podem ser sinterizados a diferentes temperaturas podem ser utilizados para várias aplicações, como mostra a figura acima. A temperatura de sinterização destas cerâmicas pode ser de 800^0 C a 1800° C. A principal vantagem dos materiais cerâmicos, que são sinterizados a níveis de temperatura elevados, é que podem ser utilizados em aplicações electrónicas [9].

CAPÍTULO 3

3. ESTRUTURA CRISTALINA DE CERÂMICAS POLICRISTALINAS

As cerâmicas de natureza predominantemente iónica têm estruturas cristalinas compostas por iões carregados, em que os iões de carga positiva (metais) são designados por catiões e os iões de carga negativa (não metálicos) são designados por aniões. A estrutura cristalina de muitas cerâmicas depende do seu tratamento térmico e das suas composições.

As cerâmicas contêm normalmente dois ou mais elementos numa combinação estequiométrica (por exemplo, CaF_2, SiO_2), o que significa que as cerâmicas cristalinas podem ter estruturas cristalinas muito complexas - além disso, a ligação inter-atómica numa cerâmica pode variar de puramente iónica a totalmente covalente, dependendo das electronegatividades dos átomos envolvidos. Nas estruturas cristalinas das cerâmicas, a magnitude da carga eléctrica de cada ião componente, reconhecendo que a estrutura global tem de ser eletricamente neutra, e o tamanho relativo do(s) catião(ões) e do(s) anião(ões) determinam o tipo de sítio(s) intersticial(ais) para o(s) catião(ões) numa rede aniónica.

As cerâmicas comuns são as cerâmicas de óxidos e de cloro que têm os aniões de oxigénio e de cloro geralmente maiores do que os catiões metálicos e que contêm os aniões compactados numa rede (normalmente FCC) e estes catiões preenchem os buracos da rede de aniões.

3.1 AX Estruturas cristalinas

A Fig. 2. mostra a estrutura do composto CsCl do tipo AX. As estruturas cristalinas do tipo AX incluem NaCl, CsCl e blenda de zinco e a estrutura do cloreto de césio é mostrada na figura acima. Nesta estrutura, os catiões preferem sítios cúbicos, pelo que cada Cs+ tem 8 Cl- vizinhos.

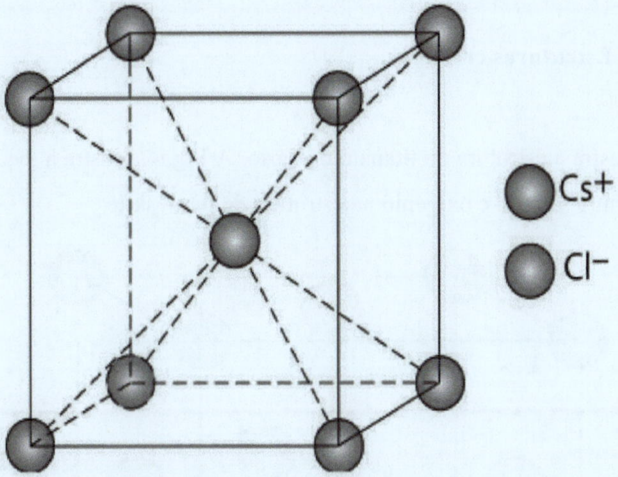

Fig. 2. Estrutura cristalina do tipo AX

3.2 AX2 Estruturas cristalinas

A Fig. 3 mostra a estrutura da Fluorite com a estrutura cristalina AX2. UO2, ThO2, ZrO2, CeO2 são exemplos de estruturas cristalinas AX2. Os catiões ocupam os sítios cúbicos. Mas na estrutura antifluorita os catiões e os aniões estão invertidos.

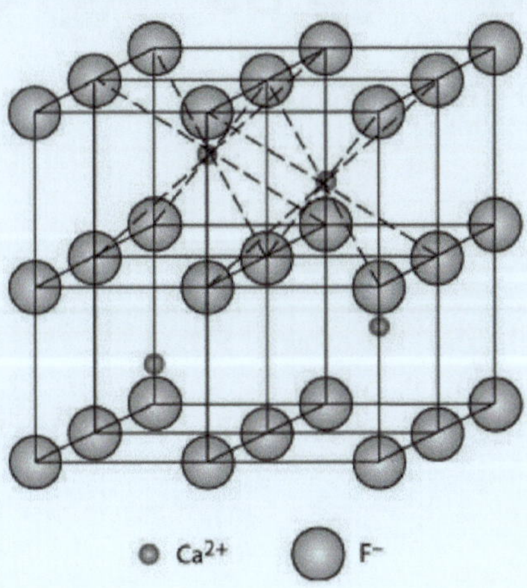

Fig. 3. Estrutura cristalina do AX2

3.3 ABX3 Estruturas cristalinas

A figura mostra a estrutura do titanato de bário. A Fig. 4. mostra a localização dos átomos de bismuto, titânio e oxigénio na estrutura de perovskite.

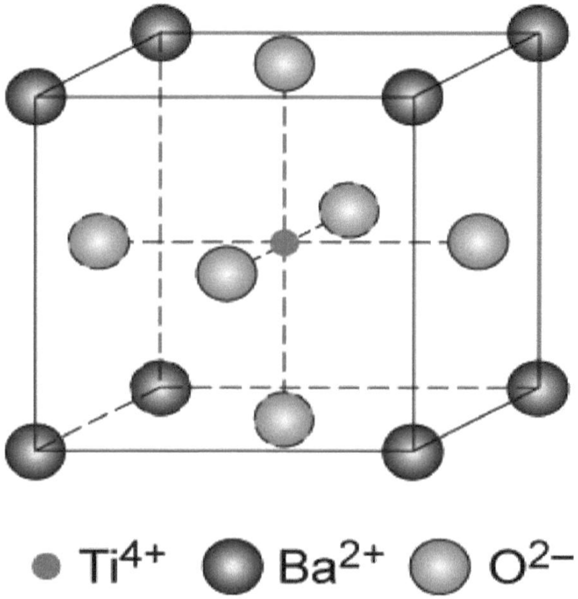

Fig. 4. Estrutura cristalina da ABX3

3.4 Cerâmica de silicato

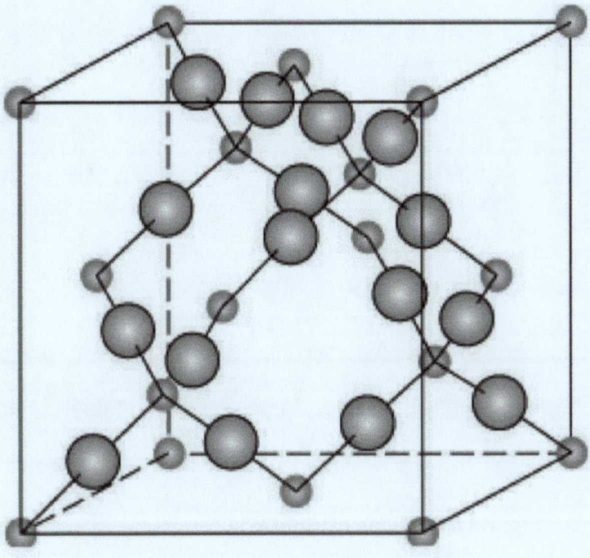

Fig. 5. Estrutura cristalina do silicato

A Fig. 5 acima mostra a estrutura das cerâmicas de silicato. As estruturas de SiO2 (sílica) são o quartzo, a cristobalite e a tridimite e a forte ligação Si-O conduz a um material forte e de elevada fusão (1710°C).

A classe comum de cerâmicas é a família das cerâmicas de silicatos, compostas principalmente por silício e oxigénio - dado que o Si e o O são os dois elementos mais abundantes na crosta terrestre, a maioria dos solos, rochas, argilas e areias podem ser classificados como silicatos - o dióxido de silício (SiO_2), também chamado sílica, é o silicato mais comum - tal como acontece com muitos materiais cerâmicos, a sílica tem três formas cristalinas polimórficas: quartzo, cristabolite e tridimite [10].

3.5 . Defeitos em estruturas cerâmicas

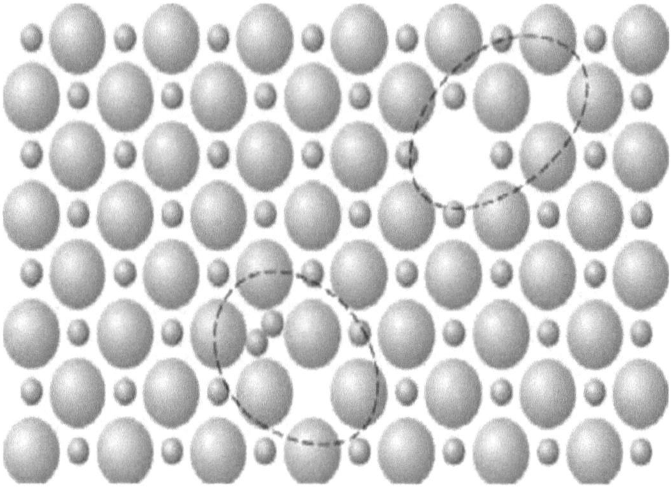

Fig. 6 Defeitos na estrutura da cerâmica

A Fig. 6 mostra os defeitos em estruturas cerâmicas que podem ser classificados em 2 tipos

1. Defeito de Frenkel - neste caso, o catião estará fora do sítio.
2. Defeito de Shottky - um conjunto emparelhado de vacâncias de catiões e aniões

Devido às estruturas de defeitos pontuais que têm de ter um equilíbrio de carga, a difusão é mais complicada nas cerâmicas do que nos metais [10], por exemplo, os dois sítios vagos de um defeito Shottky têm de ficar próximos uns dos outros.

CAPÍTULO 4

4. TÉCNICAS DE SÍNTESE E ANÁLISE DE CERÂMICAS

4.1 . Importância da reação em estado sólido e dos métodos de síntese em solgel

As principais vantagens da reação em estado sólido são

> O seu método básico de análise é a formação de fases de compostos em níveis elevados de temperatura de sinterização.

> Por este método, as dimensões dos grãos nos compostos serão grandes

Por reação de solgel (Exemplo: reação de gel de ácido esteárico)

> É possível obter um pó muito fino

> Permite um excelente controlo da composição

> Verifica-se uma boa homogeneidade

> A temperatura de cristalização será baixa

> Dá uma densidade relativa elevada

> A boa dispersão dos iões metálicos ocorre nas reacções de solgel

> sintetizar os materiais escolhidos para o crescimento de monocristais de materiais policristalinos de titanato de bismuto e sódio puro e dopado.

4.2 Técnicas de análise:

> Compreender a sua estrutura cristalina e confirmação de fase a partir da análise de difração de raios X simples e em pó.

> a perfeição cristalina dos cristais é registada através de curvas de difração de alta resolução.

> confirmando os vários grupos funcionais presentes nos cristais crescidos a partir da análise espetral FTIR.

- investigar as propriedades da superfície dos cristais crescidos através da análise de gravura e de micrografia eletrónica de varrimento.

- estudar as propriedades eléctricas dos cristais a partir da análise dieléctrica.

- compreender o comportamento térmico e mecânico dos cristais cultivados

- análise do tamanho das partículas de compostos sintetizados de titanato de bismuto e sódio puro e dopado

A espetroscopia Raman é conhecida por ser uma técnica adequada para o estudo de transições de fase induzidas pela pressão, como foi demonstrado para vários titanatos do tipo perovskita, por exemplo, $BaTiO_3$, $PbTiO_3$, $SrTiO_3$, $CaTiO_3$. A espetroscopia Raman nunca foi utilizada, tanto quanto é do nosso conhecimento, para o estudo dependente da pressão de relaxadores e da estrutura fina de absorção de raios X. A espetroscopia XAFSd é uma das poucas técnicas que fornece informação quantitativa direta sobre a estrutura local em termos da distribuição da densidade eletrónica em torno de átomos de um tipo selecionado.

Os valores das deslocações dos átomos de metais de transição a partir de locais de elevada simetria podem ser determinados a partir da estrutura fina de absorção de raios X EXAFS e da estrutura próxima dos espectros de absorção, que são conhecidos por serem sondas independentes e sensíveis. Embora a informação sobre as distâncias interatómicas dada pela XAFS não seja geralmente suficiente para construir todo o modelo estrutural, fornece frequentemente informações valiosas sobre as peculiaridades estruturais e permite verificar um modelo estrutural. A aplicação destas ferramentas ao estudo de compostos ferroeléctricos forneceu informações sobre a sua estrutura e a sua variação térmica e composicional, o que pode ajudar a obter uma melhor compreensão dos mecanismos das transições de fase nestes compostos.

CAPÍTULO 5

5. TIPOS DE CERÂMICA

5.1 Cerâmica semicondutora

O titanato de bário ($BaTiO_3$) é um material ferroelétrico com uma elevada constante dieléctrica e uma elevada resistência ao isolamento. Por conseguinte, tem sido amplamente utilizado na indústria eléctrica para condensadores cerâmicos desde a sua descoberta em 1943. A cerâmica isolante $BaTiO_3$ é convertida num semicondutor através da adição de uma pequena quantidade de óxido de metais de terras raras, tais como Sm O_{23} , CeO_2 , Y O_{23} , e La O_{23} . Em 1955, foi descoberta uma dependência invulgar da resistência acima da temperatura de Curie das cerâmicas semicondutoras $BaTiO_3$ [11].

A resistência deste semicondutor, denominado termistor de coeficiente positivo de temperatura (PTC), aumenta drasticamente acima da temperatura de Curie (TC), até à temperatura (Tn) em que a resistência atinge o seu valor máximo. Os processos de fabrico do termistor PTC são praticamente os mesmos que os da indústria da cerâmica eletrónica. Os eléctrodos de metais não preciosos, como o Ni, o Zn e o Al, asseguram o contacto óhmico com o termistor PTC, que é uma cerâmica semicondutora de tipo n. A liga In-Ga também estabelece contacto óhmico e é utilizada para amostras experimentais.

5.2 Cerâmica piezoeléctrica e ferroeléctrica

Certos materiais produzem cargas eléctricas nas suas superfícies como consequência da aplicação de tensões mecânicas. As cargas induzidas são proporcionais à tensão mecânica. Este fenómeno é designado por efeito piezoelétrico direto e foi descoberto no quartzo por Piere e Jacques Curie em 1880. Os materiais que apresentam este fenómeno apresentam também, inversamente, uma deformação geométrica proporcional a um campo elétrico aplicado. Este é o efeito piezoelétrico inverso. A raiz da palavra "piezo" significa "pressão"; assim, o significado original da palavra piezoeletricidade implicava "eletricidade sob pressão". A piezoeletricidade é amplamente utilizada no fabrico de vários dispositivos, tais como transdutores, actuadores, dispositivos de ondas acústicas de superfície, controlo de frequência, etc. Neste capítulo descrevemos os materiais piezoeléctricos que são utilizados e as várias aplicações potenciais dos materiais piezoeléctricos.

- Este tipo de material tem uma estrutura de perovskite, com a fórmula geral ABO_3, em que

  A é um grande ião metálico divalente, como o Pb2+ ou o Ba2+,

  B é um pequeno ião metálico tetravalente, como o Ti4+ ou o Zr4+, que se coordena octaedricamente com o oxigénio.

- A ferroeletricidade ocorre devido à deslocação dos iões positivos B4+ e dos iões negativos O2- em direcções opostas.

- As cerâmicas ferroeléctricas são largamente utilizadas na tecnologia moderna com várias aplicações (sensores, actuadores, geradores, transdutores e até IC muito recentes para RAM).

- Podem ser utilizados para DRAM (memória dinâmica de acesso aleatório), e com elevada polarização remanente e baixo campo coercivo para serem utilizados como NVRAM (memória de acesso aleatório não volátil).

As cerâmicas piezoeléctricas produzem uma carga eléctrica quando é aplicada uma carga e ocorre uma deformação. As cerâmicas piezoeléctricas também podem produzir força ou deformação quando é aplicada uma carga eléctrica.

Os materiais ferroeléctricos têm a fórmula geral ABO3 . Inversamente, os materiais piezoeléctricos produzem força ou deformação quando é aplicada uma carga eléctrica. Os materiais ferroeléctricos incluem titanatos de chumbo, zirconatos de chumbo, titanatos de zirconato de chumbo (PZT), titanatos de bário, tantalato de bário e niobatos de chumbo e magnésio. Os materiais piezoeléctricos produzem uma carga eléctrica quando é aplicada uma carga e ocorre uma deformação. Estas propriedades tornam os materiais piezoeléctricos úteis para sensores de pressão ou de carga. As cerâmicas piezoeléctricas são electrocerâmicas que incluem quartzo e materiais ferroeléctricos ou perovskite. Estas propriedades tornam estas electrocerâmicas úteis para microactuadores, nanoactuadores ou motores piezoeléctricos [12].

As cerâmicas piezoeléctricas incluem PZN, PLZT e PNZT. Os materiais cerâmicos PZN são composições de niobato de chumbo modificadas com zinco que apresentam um comportamento electroestático ou de relaxação quando ocorre uma tensão não linear. Os materiais cerâmicos piezoeléctricos relaxantes apresentam uma constante dieléctrica elevada numa gama de temperaturas durante a transição da fase ferroeléctrica para a fase paraeléctrica. As cerâmicas piezoeléctricas PLZT foram desenvolvidas para aplicações de potência moderada, mas também podem ser utilizadas em aplicações ultra-sónicas. A adição de iões de lantânio a uma composição de PZT forma materiais PLZT. A adição de iões de nióbio a uma composição de PZT forma materiais cerâmicos PNZT. Os materiais cerâmicos PNZT são utilizados em aplicações de alta sensibilidade, como hidrofones, sondas e altifalantes.

As cerâmicas piezoeléctricas incluem o quartzo, que está disponível na forma de minério extraído e na forma de quartzo fundido fabricado pelo homem. O quartzo fundido é uma forma cristalina e de elevada pureza de sílica utilizada em aplicações especializadas, tais como barcos para bolachas semicondutoras, tubos de fornos, campânulas ou objectos de quartzo, cadinhos de silício fundido, materiais de elevado desempenho e produtos de alta temperatura. Estão também disponíveis cerâmicas piezoeléctricas, como o quartzo monocristalino [13].

As cerâmicas piezoeléctricas produzem uma carga eléctrica quando é aplicada uma carga e ocorre uma deformação. As cerâmicas piezoeléctricas também podem produzir força ou deformação quando é aplicada uma carga eléctrica. A produção de uma carga eléctrica é útil em aplicações de deteção de pressão ou carga. A produção de força ou deformação é útil em microactuadores, nanoactuadores ou motores piezoeléctricos

[14].

As cerâmicas piezoeléctricas são constituídas por materiais ferroeléctricos e quartzo. Os materiais ferroeléctricos incluem o titanato de bário, o titanato de bismuto, o niobato de chumbo e magnésio, o metaniobato de chumbo, o niobato de chumbo e níquel, os titanatos de chumbo e zinco (PZT), o titanato de zirconato de chumbo e lantânio (PLZT) e o titanato de zirconato de nióbio e chumbo (PNZT). Os parâmetros importantes para as cerâmicas piezoeléctricas incluem a constante de acoplamento eletromecânico, a distorção ou constante de carga, a constante dieléctrica mecânica (permissividade relativa), a tangente de perda, a resistividade eléctrica e a temperatura de curie.

Os dispositivos piezoeléctricos atualmente utilizados em vários domínios contêm uma grande quantidade de chumbo. Por conseguinte, a volatilização do chumbo durante o processo de tratamento térmico e a eliminação final dos dispositivos piezoeléctricos que contêm chumbo são questões que devem ser abordadas. A fim de proteger o ambiente, a utilização de chumbo, *por exemplo,* na solda de chumbo-estanho, tem sido objeto de regulamentos cada vez mais rigorosos nos últimos anos. Estas circunstâncias estimularam a investigação de materiais piezoeléctricos sem chumbo, que são vistos como possíveis substitutos das cerâmicas de Pb(Zr, Ti)O3 (PZT).

As propriedades piezoeléctricas desempenham um papel importante nos materiais electrónicos e mecatrónicos. Os materiais piezoeléctricos mais utilizados são o sistema de três componentes à base de PbTiO3-PbZrO3 (PZT). No entanto, recentemente, tem-se desejado utilizar materiais sem chumbo para proteção ambiental. Por exemplo, a legislação será aplicada na UE como os projectos de directivas sobre resíduos de equipamentos eléctricos e electrónicos (REEE), restrição de substâncias perigosas (RoHS) e veículos em fim de vida (VFV). Por conseguinte, os materiais piezoeléctricos sem chumbo têm atraído amplamente a atenção como novos materiais em substituição das cerâmicas PZT. Foram comunicados materiais piezoeléctricos sem chumbo, tais como monocristais piezoeléctricos, por exemplo, langasite, e cerâmicas ferroeléctricas com estrutura de perovskite, estrutura de bronze de tungsténio e ferroeléctricas estruturadas com camadas de bismuto (BLSF). No entanto, nenhum material apresenta propriedades piezoeléctricas mais excelentes do que os sistemas PZT. Para substituir os sistemas PZT, é necessário que as propriedades piezoeléctricas necessárias para várias aplicações sejam divididas e que sejam desenvolvidas as correspondentes a cada aplicação. Por exemplo, as cerâmicas do tipo perovskite parecem ser adequadas para actuadores e aplicações de alta potência. Por outro lado, as cerâmicas ferroeléctricas estruturadas com camadas de bismuto (BLSF) parecem ser materiais candidatos para aplicações em filtros cerâmicos e ressonadores.

Os titanatos de bário e os titanatos de bismuto são tipos comuns de cerâmicas piezoeléctricas. As composições modificadas de titanato de bário combinam a sensibilidade de alta tensão com temperaturas na gama de -10° C a 60° C. As cerâmicas piezoeléctricas de titanato de bário são úteis para hidrofones e outros dispositivos receptores. Estas cerâmicas piezoeléctricas são também utilizadas em projectores de baixa potência. Os titanatos de bismuto são utilizados em aplicações a altas temperaturas, tais como sensores de pressão e acelerómetros [15]. O titanato de bismuto pertence ao grupo das cerâmicas baseadas na estrutura da silenite ($Bi_{12}MO_{20}$ onde M=Si, Ge, Ti).

Os materiais niobatos de chumbo e magnésio, metaniobato de chumbo e niobato de chumbo e níquel são utilizados em algumas cerâmicas piezoeléctricas. O niobato de chumbo e magnésio apresenta um comportamento electroestático ou relaxante em que a tensão varia de forma não linear. Estas cerâmicas piezoeléctricas são utilizadas em hidrofones, actuadores, receptores, projectores, transdutores de sonar e em dispositivos de micro-posicionamento porque apresentam propriedades que não estão normalmente presentes noutros tipos de cerâmicas piezoeléctricas. O niobato de chumbo e magnésio tem também um envelhecimento insignificante, uma vasta gama de temperaturas de funcionamento e uma constante dieléctrica baixa. Tal como o niobato de chumbo e magnésio, o niobato de chumbo e níquel pode apresentar comportamentos electrostritivos ou relaxantes em que a tensão varia de forma não linear.

(1) CERÂMICAS PIEZOELÉCTRICAS MACIAS

As cerâmicas piezoeléctricas macias são menos resistentes à despolarização induzida por tensão do que as piezoeléctricas duras. As cerâmicas de alta sensibilidade ou "macias" apresentam uma elevada sensibilidade e permissividade, mas, se forem sujeitas a um esforço excessivo, estes materiais podem ficar danificados devido ao auto-aquecimento para além da sua gama de temperaturas de funcionamento ou da temperatura de Curie. As cerâmicas piezoeléctricas macias são utilizadas em vários sensores, transdutores de tipo motor de baixa potência, receptores e geradores de baixa potência.

(ii)CERÂMICA PIEZOELÉCTRICA DURA

As cerâmicas piezoeléctricas de alta potência ou "duras" podem suportar níveis elevados de excitação eléctrica e tensão mecânica. Estes materiais são adequados para geradores e transdutores de alta tensão ou alta potência. As cerâmicas piezoeléctricas duras são mais resistentes à despolarização induzida por tensão do que as piezoeléctricas macias. Uma constante de carga ou de distorção muito elevada, uma histerese baixa e um Qm elevado caracterizam as cerâmicas piezoeléctricas duras.

5.3 Cerâmica electroestritiva

As cerâmicas electroestrictivas são cerâmicas ferroeléctricas relaxantes. A deformação varia quadraticamente com o campo elétrico para um electroestrictor em vez de linearmente como numa cerâmica piezoeléctrica. As relaxantes exibem constantes dieléctricas muito elevadas ($K > 20\ 000$), transições de fase ferroeléctricas difusas para paraeléctricas e comportamento de deformação electroestritiva versus campo elétrico. Os electroestrictivos destacam-se a altas frequências e campos de condução muito baixos e são aplicados em microactuadores especializados. As cerâmicas electroestrictivas apresentam pouca ou nenhuma perda histerética, mesmo a frequências de funcionamento muito elevadas, devido à ausência de polarização espontânea. Para aplicações em transdutores, os electroestrictivos têm de funcionar sob um campo de polarização DC para induzir o comportamento piezoelétrico. O funcionamento sob polarização é caracterizado por coeficientes de acoplamento piezoelétrico e eletromecânico dependentes do campo. Os relaxores apresentam baixa estabilidade térmica e operam melhor em situações em que a temperatura pode ser estabilizada em aproximadamente 10°C [16].

5.4 Cerâmica dieléctrica

As cerâmicas e substratos dieléctricos são isoladores eléctricos com valores de rigidez dieléctrica, constante dieléctrica e tangente de perda adaptados a aplicações específicas de dispositivos ou circuitos. Em aplicações de condensadores, são utilizadas cerâmicas com uma constante dieléctrica elevada para aumentar a carga que pode ser armazenada. Nos circuitos microelectrónicos, procuram-se materiais de baixa constante dieléctrica ou de baixo k para reduzir a interferência indutiva e a geração de ruído no circuito. Em aplicações de isoladores de alta tensão, é necessária uma elevada resistividade eléctrica (ohm-cm) e uma elevada rigidez dieléctrica (KV por metro).

Os parâmetros que é importante considerar ao especificar cerâmicas e substratos dieléctricos incluem a rigidez dieléctrica, a constante dieléctrica (permissividade relativa), a tangente de perda, a resistividade eléctrica e a frequência de funcionamento. A rigidez dieléctrica é o campo de tensão máximo que a cerâmica ou o material pode suportar antes de ocorrer uma avaria eléctrica. A constante dieléctrica é a permissividade relativa de um material em comparação com o vácuo ou o espaço livre. Nos materiais dieléctricos, a tangente de perda ou coeficiente de perda é a relação entre a permissividade imaginária ou de perda e a permissividade real de um material. Resistividade é a resistência eléctrica longitudinal (ohm-cm) de uma barra uniforme de comprimento unitário e área de secção transversal unitária. Frequência de funcionamento é a gama de frequências em que o material é capaz de funcionar com um desempenho aceitável e/ou sem perdas de potência excessivas.

As cerâmicas e os substratos dieléctricos têm uma vasta gama de seleção de materiais. Estes incluem alumina, nitreto de alumínio, silicato de alumínio ou sillimanite, titanato de bário e neodímio, titanato de bário e estrôncio (BST), tantalato de bário, titanato de bário (BT), berílio, nitreto de boro, titanato de cálcio, titanato de cálcio e magnésio (CMT), vitrocerâmica, cordierite/silicato de alumínio e magnésio, forsterite/silicato de magnésio, niobato de chumbo e magnésio (PMN), niobato de chumbo e zinco (PZN), niobato de lítio (LN), silicato de magnésio, titanato de magnésio, niobato ou óxido de nióbio, porcelana, quartzo, safira, titanato de estrôncio, sílica ou silicato, esteatite, tantalato ou óxido de tântalo, titânia ou titanato, zircónio, zircónia ou zirconato e titanato de zircónio e estanho. A cerâmica dieléctrica pode ser fornecida como uma cerâmica piezoeléctrica ou relaxante, que é uma cerâmica dieléctrica com características piezoeléctricas ou electroestáticas.

As cerâmicas e os substratos dieléctricos podem ser fornecidos sob várias formas. Estas incluem barra, disco, placa ou laje, pó ou grão, precursor, anel, haste, tubo ou cilindro, alvo de pulverização catódica, bolacha ou substrato e formas personalizadas ou específicas da aplicação. As características das cerâmicas dieléctricas e dos substratos incluem compostos de pilha ou multicamadas, eléctricos ou de alta tensão, esmalte ou revestimento protetor, metalizados ou eléctrodos, modificados ou dopados, micro-ondas ou alta frequência e construção de cristal único.

As cerâmicas e os substratos dieléctricos podem ter uma de várias camadas metálicas diferentes. Estas incluem prata, ouro, liga de ouro-estanho, cobre, níquel, nitreto de tântalo e titânio-tungsténio. O método de metalização das cerâmicas dieléctricas e dos substratos pode ser por galvanoplastia, por cozedura ou por película espessa, por circuitos ou vias modelados, por película fina evaporada ou por película fina pulverizada [17].

Aplicações de cerâmicas dieléctricas

As cerâmicas dieléctricas podem ser utilizadas em patchantennas, ressoadores/indutores, substratos de ressoadores móveis de banda C, filtros, condensadores cerâmicos multicamadas, condensadores de montagem em superfície. Os condensadores cerâmicos de montagem em superfície, que são mostrados na Fig.7, podem ser utilizados em todos os tipos de equipamento eletrónico, incluindo computadores, telecomunicações, eletrónica automóvel, eletrónica militar, eletrónica médica e eletrónica de consumo.

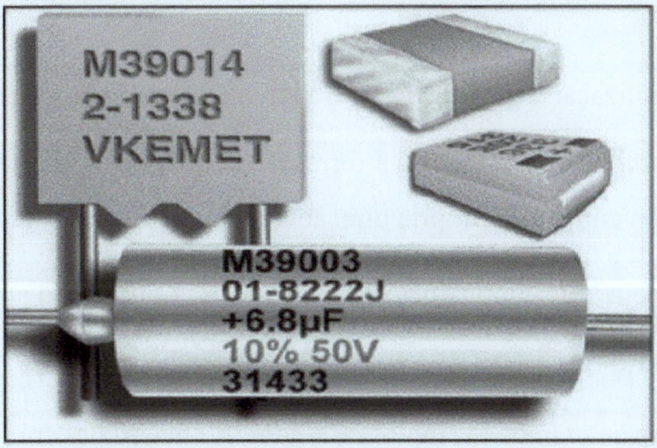

Fig. 7. Condensador de montagem em superfície

Os condensadores cerâmicos de alta tensão e alta temperatura são utilizados nos mercados militar, aeroespacial, petrolífero, de exploração petrolífera e noutros mercados, incluindo imagiologia médica, produção de energia e fornecimento de energia de alta tensão.

5.5 Cerâmica magnética

❖ Existem vários tipos de materiais magnéticos classificados de acordo com as suas susceptibilidades magnéticas: diamagnéticos, paramagnéticos e ferromagnéticos.

- Diamagnéticos, têm susceptibilidades negativas muito pequenas (cerca de 10-6).

- Exemplo: gases inertes, hidrogénio, muitos metais, a maioria dos não metais e muitos compostos orgânicos.

- Os paramagnéticos são os materiais em que os átomos têm um momento magnético permanente resultante da rotação e da órbita dos electrões.

- As susceptibilidades são, portanto, positivas, mas novamente pequenas (no intervalo 10-3 - 10-6).

- Os materiais ferromagnéticos são espontaneamente magnetizados abaixo do ponto de Curie.

- A magnetização espontânea não é aparente em materiais que não tenham sido expostos a um campo externo devido à formação de pequenos volumes (domínios) de materiais, cada um com a sua própria direção de magnetização.

- A magnetização espontânea é devida ao alinhamento do spin do eletrão não compensado pelas fortes forças de troca da mecânica quântica.

Apresentam-se de seguida exemplos de alguns dos materiais cerâmicos magnéticos,

- SrRuO3, Tl2Mn2O7, CrO2, La0.7(Ca1-ySry)0.3MnO3, Fe3O4, CaCu3Mn4O12

(CCMO)

Este material apresenta as propriedades intrínsecas de resistência magnética que são principalmente utilizadas nas aplicações de resistência magnética gigante (GMR).

- A maior aplicação tecnológica da GMR é no sector do armazenamento de dados.

- A IBM foi a primeira a comercializar discos rígidos baseados na tecnologia GMR, embora atualmente todas as unidades de disco utilizem esta tecnologia.

❖ Os sensores GMR integrados no chip estão disponíveis comercialmente na Non-Volatile Electronics.

❖ Outras aplicações são tão diversas como bússolas de estado sólido, sensores para automóveis, memória magnética não volátil e deteção de minas terrestres.

No entanto, a secção seguinte resume a situação atual da cerâmica em várias formas:

5.6 Cerâmica monocristalina

Embora as cerâmicas piezoeléctricas sejam amplamente utilizadas para um grande número de aplicações, os materiais monocristalinos mantêm a sua utilidade, sendo essenciais para aplicações como osciladores estabilizados em frequência e dispositivos acústicos de superfície. Os materiais piezoeléctricos monocristalinos mais populares são o quartzo, o niobato de lítio ($LiNbO_3$) e o tantalato de lítio ($LiTaO_3$). Os monocristais são anisotrópicos, exibindo diferentes propriedades materiais em função do corte dos materiais e da direção de propagação da onda a granel ou à superfície. O quartzo tem um corte com um coeficiente de temperatura nulo.

5.7 Cerâmica policristalina

O titanato de bário (BaTiO3) é um dos materiais piezoeléctricos mais estudados e mais utilizados. Logo abaixo da temperatura de Curie (120°C), o vetor da polarização espontânea aponta na direção [001] (fase tetragonal), abaixo de *5°C* reorienta-se na direção [011] (fase ortorrômbica) e abaixo de -90°C na direção [111] (fase romboédrica). As propriedades dieléctricas e piezoeléctricas da cerâmica ferroeléctrica BaTiO3 podem ser afectadas pela sua própria estequiometria, microestrutura e pelos dopantes que entram no sítio A ou B em solução sólida. A cerâmica BaTiO3 modificada com dopantes como iões Pb ou Ca foi desenvolvida para estabilizar a fase tetragonal numa gama de temperaturas mais ampla e é utilizada como material piezoelétrico comercial. A aplicação inicial foi para vibradores piezoeléctricos do tipo Langevin. As cerâmicas piezoeléctricas de $Pb(Ti,Zr)O_3$ soluções sólidas (PZT) têm sido amplamente utilizadas devido às suas propriedades piezoeléctricas superiores.

5.8 A cerâmica como compósito

Os piezo-compósitos, constituídos por uma cerâmica piezoeléctrica e uma fase polimérica, são materiais promissores devido às suas propriedades excelentes e facilmente adaptáveis. Um compósito piezo-cerâmico, como o compósito PZTrod/polímero, é um candidato muito promissor. As vantagens deste compósito são os elevados factores de acoplamento, a baixa impedância acústica, a boa adaptação à água ou ao tecido humano, a flexibilidade mecânica, a ampla largura de banda e o baixo fator de qualidade mecânica.

Os materiais compósitos cerâmicos piezoeléctricos são fabricados através da formação de uma estrutura compósita, ou seja, substituindo parte da cerâmica pesada e rígida por um polímero leve e macio. Os materiais compósitos piezoeléctricos são especialmente úteis para aplicações de sonares subaquáticos e transdutores ultra-sónicos de diagnóstico médico.

5.9 Películas finas

As cerâmicas de óxido de zinco (ZnO) e nitreto de alumínio (AlN) são compostos binários simples com uma estrutura do tipo Wurtzite (sistema cristalino hexagonal), que podem ser depositados por pulverização catódica como película fina orientada para o eixo c numa variedade de substratos. As cerâmicas de ZnO têm um grande acoplamento piezoelétrico e as películas finas deste material são amplamente utilizadas em dispositivos de ondas acústicas a granel e de superfície. O fabrico de películas de ZnO altamente orientadas (ao longo do eixo c) tem sido estudado e desenvolvido extensivamente. O desempenho dos dispositivos de ZnO é, no entanto, limitado devido ao seu baixo acoplamento piezoelétrico (20-30%). Espera-se que as películas finas de PZT apresentem propriedades piezoeléctricas mais elevadas. Atualmente, o crescimento de películas finas de PZT está a ser levado a cabo para utilização em microtransdutores e microactuadores [18].

CAPÍTULO 6

6. APLICAÇÕES COMUNS DA ELECTROCERÂMICA

Cerâmica estrutural

Biocerâmicas Cerâmicas utilizadas na indústria automóvel, cerâmicas nucleares, cerâmicas resistentes ao desgaste e aplicações tribológicas.

Cerâmica funcional

Substrato eletrónico, cerâmica de embalagem Cerâmica dieléctrica de condensador, cerâmica piezoeléctrica Cerâmica magnética Cerâmica ótica As cerâmicas condutoras não são mais do que cerâmicas funcionais.

Cerâmica tradicional

Louça branca Cimento Abrasivos Refractários Tijolo e telha Produtos estruturais de barro. A faiança, o grés, a porcelana, a porcelana, distinguem-se pela temperatura de cozedura e pela temperatura de formação do vidro. As telhas são fabricadas com materiais de composição semelhante.

Os tijolos estruturais são fabricados a partir de misturas mais baratas - frequentemente uma única argila ("Fletton Brick") Os tijolos refractários têm composições especiais para suportar temperaturas elevadas ou ambientes corrosivos

O vidro à prova de bala é feito de vidros laminados e películas que têm uma capacidade especial de proteção contra balas. Os diferentes níveis de vidros à prova de bala são capazes de proteger as balas contra a penetração e impedir que as partes partidas causem ferimentos nas pessoas.

Na conceção de motores ou sistemas de escape, em circuitos de líquidos ou gases - a indústria automóvel exige anéis de vedação, rolamentos e tecnologia de vedação especialmente elevados.

As cerâmicas técnicas asseguram a resistência ao desgaste, a resistência à temperatura e a estabilidade nestes ambientes agressivos.

Isolador de cerâmica avançada de zircónia industrial resistente ao desgaste a altas temperaturas. Componentes da articulação do joelho. Melhoria da qualidade de vida, redução do desgaste e minimização do risco de alergias. Com a sua extensa gama de materiais e experiência de produção em crescimento contínuo no domínio dos componentes cerâmicos para o processamento têxtil. Os anéis de vedação cerâmicos, os rolamentos axiais e os rolamentos radiais garantem um funcionamento altamente fiável e uma longa vida útil onde quer que os fluidos sejam bombeados ou o gás seja comprimido.

Sensores de pressão/Acelerómetros/Giroscópios

Uma das aplicações mais básicas das cerâmicas piezoeléctricas é a ignição de gás. A tensão muito elevada gerada numa cerâmica piezoeléctrica sob tensão mecânica aplicada pode provocar faíscas e inflamar o gás. Existem duas formas de aplicar a força mecânica, quer através de uma aplicação rápida e pulsante, quer através de um aumento mais gradual e contínuo.

As cerâmicas piezoeléctricas podem ser utilizadas como sensores de tensão e sensores de aceleração, devido ao efeito piezoelétrico direto. Um sensor de tensão tridimensional (3D) pode ser concebido combinando um número adequado de placas de cristal de quartzo (tipos extensional e de cisalhamento), o dispositivo multicamada pode detetar tensões 3D.

Exemplos de cerâmicas: Alumina, SiAlON, magnésia, zircónio, SiC.

Transformadores Piezoeléctricos

Quando os terminais de entrada e saída são fabricados num dispositivo piezoelétrico e a tensão de entrada/saída é alterada através da transferência de energia de vibração, o dispositivo é designado por transformador piezoelétrico. Os transformadores piezoeléctricos foram utilizados em televisores a cores devido ao seu tamanho compacto em comparação com os transformadores electromagnéticos convencionais do tipo bobina. Os computadores portáteis recentes, com um ecrã de cristais líquidos, necessitam de um transformador muito fino, sem ruído eletromagnético, para iniciar o brilho de uma lâmpada fluorescente.

Ressonância Piezoeléctrica

Quando um campo elétrico é aplicado a um material piezoelétrico, surge a deformação (DL) ou tensão (DL/L). Quando o campo é alternado, é provocada uma vibração mecânica e, se a frequência de acionamento for ajustada a uma frequência de ressonância mecânica do dispositivo, é gerada uma grande tensão de ressonância. Este fenómeno pode ser entendido como uma ampliação da tensão devido à acumulação de energia de entrada, e é designado por ressonância piezoeléctrica. A ressonância piezoeléctrica é muito útil para a realização de dispositivos de captação de energia, actuadores, etc.

Vibradores Piezoeléctricos

Na utilização de dispositivos de vibração mecânica, tais como filtros ou osciladores, o tamanho e a forma de um dispositivo são muito importantes, e tanto o modo de vibração como o material cerâmico devem ser considerados.

A frequência de ressonância do modo de flexão numa amostra de tamanho centimétrico varia entre 100 e 1000 Hz, o que é muito inferior à do modo de espessura (100 kHz). Para estas aplicações de vibração, a piezocerâmica deve ter um elevado fator de qualidade mecânica (QM) em vez de um grande coeficiente piezoelétrico d; ou seja, são preferíveis cerâmicas piezoeléctricas duras. Para altifalantes ou campainhas, audíveis por seres humanos, são utilizados dispositivos com uma frequência de ressonância bastante baixa (gama dos quilohertz).

Actuadores Piezoeléctricos

Os dispositivos piezoeléctricos e electroestritivos tornaram-se componentes-chave em sistemas de actuadores inteligentes, tais como posicionadores de precisão, motores ultra-sónicos em miniatura e amortecedores mecânicos adaptáveis.

Os actuadores piezoeléctricos estão a formar um novo campo entre a cerâmica eletrónica e a cerâmica estrutural. Os campos de aplicação são classificados em três categorias: posicionadores, motores e supressores de vibrações.

A precisão de fabrico de instrumentos ópticos, como lasers e câmaras, e a precisão de posicionamento para o fabrico de chips semicondutores, que têm de ser ajustados utilizando actuadores de estado sólido, são geralmente da ordem dos 0,1µm. No que diz respeito aos motores electromagnéticos convencionais, os motores minúsculos com menos de 1 cm^3 são frequentemente necessários em equipamento de automação de escritórios ou fábricas e são bastante difíceis de produzir com eficiência energética suficiente. Os motores ultra-sónicos, cuja eficiência não é sensível ao tamanho, são considerados superiores na área dos mini-motores. A supressão de vibrações em estruturas espaciais e veículos militares utilizando actuadores piezoeléctricos é outro campo de aplicações promissor.

Dispositivos de ondas acústicas de superfície

Uma onda acústica superficial (SAW), também designada por onda de Rayleigh, é essencialmente um acoplamento entre ondas longitudinais e de cisalhamento. A energia transportada pela SAW é confinada perto da superfície. Existe uma onda eletrostática associada para uma SAW num substrato piezoelétrico, o que permite o acoplamento eletroacústico através de um transdutor.

Existe uma gama muito vasta de aplicações de sistemas comerciais que incluem filtros front-end e de frequência intermédia (IF), componentes de televisão de antena comunitária (CATV) e de gravadores de vídeo-cassete (VCR), sintetizadores, analisadores e navegadores.

Transdutores ultra-sónicos

O processo de imagem ultra-sónica também pode ser feito em tempo real. Isto significa que podemos seguir estruturas em movimento rápido, como o coração, sem distorção de movimento. Além disso, os ultra-sons são uma das técnicas de diagnóstico por imagem mais seguras. Não utiliza radiação ionizante como os raios X, pelo que é utilizada por rotina para imagiologia fetal e obstétrica. As áreas úteis para a imagiologia por ultra-sons incluem as estruturas cardíacas, os sistemas vasculares, o feto e os órgãos abdominais, como o fígado e os rins. Em resumo, é possível ver o interior do corpo humano sem romper a pele, utilizando um feixe de ultra-sons.

Ressonadores/Filtros

Quando um corpo piezoelétrico vibra na sua frequência de ressonância, absorve consideravelmente mais energia do que noutras frequências, o que resulta numa diminuição drástica da impedância. Este fenómeno permite que os materiais piezoeléctricos sejam utilizados como filtros de ondas. Um filtro é necessário para passar uma determinada banda de frequência selecionada ou para bloquear uma determinada banda. A largura de banda de um filtro fabricado a partir de um material piezoelétrico é determinada pelo quadrado do coeficiente de acoplamento k, ou seja, é quase proporcional a k2. Os cristais de quartzo com um valor k muito baixo de cerca de 0,1 podem passar bandas de frequência muito estreitas de aproximadamente 1% da frequência de ressonância central. Por outro lado, as cerâmicas PZT com um coeficiente de acoplamento plano de cerca de 0,5 podem passar facilmente uma banda de 10% da frequência de ressonância central. A nitidez da banda passante depende do fator de qualidade mecânica QM dos materiais. O quartzo também tem um QM muito elevado, de cerca de 106, o que resulta num corte acentuado da banda passante e numa frequência de oscilação bem definida

A Fig. 8 explica as várias aplicações dos materiais isolantes cerâmicos. Além disso, os materiais cerâmicos são utilizados em aplicações importantes como isoladores, resistências, condensadores de elevada constante dieléctrica, transdutores de sonar piezoeléctricos, transdutores ultra-sónicos, filtros de rádio e comunicação, transdutores de diagnóstico médico, motores ultra-sónicos, válvulas de luz electro-ótica, condensadores de película fina, memórias de película fina ferroeléctrica e telefones celulares e computadores portáteis.

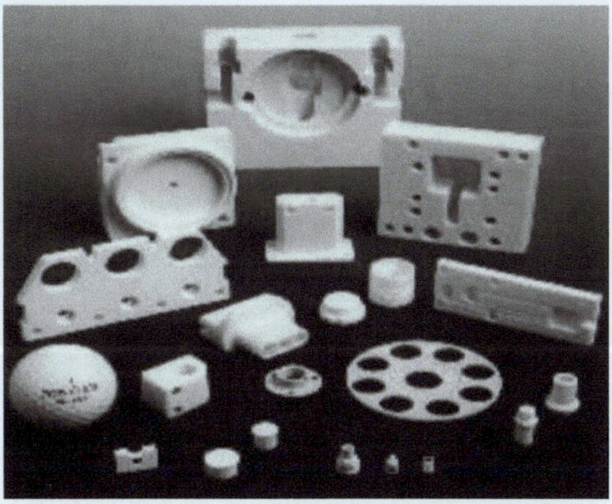

Fig. 8 Aplicações de electrocerâmicas - isoladores cerâmicos

Os dispositivos de comunicação portáteis, como o automóvel, o telefone, os condensadores cerâmicos monolíticos em chip, os osciladores de micro-ondas, os filtros de micro-ondas, os ressoadores cerâmicos, o filtro SAW de alta frequência, os filtros cerâmicos, os receptores piezoeléctricos e os altifalantes piezoeléctricos tornaram-se populares em todo o mundo. Os computadores portáteis contêm alta tensão e alta temperatura com chumbo, matrizes de condensadores duplos e múltiplos, baixa indutância, X2Y, modos de comutação. Ao longo do último meio século, foram desenvolvidos materiais cerâmicos avançados. Eles próprios podem ser aplicados como revestimentos de barreira térmica para proteger estruturas metálicas, superfícies de desgaste ou como componentes integrais. As aplicações em motores são muito comuns para esta classe de materiais, que inclui o nitreto de silício (Si_3N_4), o carboneto de silício (SiC), a zircónia (ZrO_2) e a alumina (Al_2O_3). A resistência ao calor e outras propriedades desejáveis levaram ao desenvolvimento de métodos para endurecer o material através do reforço com fibras e bigodes, abrindo mais aplicações para a cerâmica. Estruturais: Peças de desgaste, biocerâmica, ferramentas de corte, componentes de motores, blindagem. Útil para fins eléctricos como condensadores, isoladores, pacotes de circuitos integrados, piezoeléctricos, ímanes e supercondutores e também em aplicações de revestimento como componentes de motores, ferramentas de corte e peças de desgaste industrial.

Cimentos - As matérias-primas cerâmicas são unidas utilizando um aglutinante que não necessita de cozedura ou sinterização num processo denominado cimentação.

Revestimentos - A cerâmica é frequentemente utilizada para fornecer revestimentos protectores a outros materiais.

Películas finas e cristais simples - As películas finas de muitas cerâmicas complexas e multicomponentes são produzidas utilizando diferentes técnicas, tais como pulverização catódica, solgel e deposição química de vapor (CVD).

Fibras - As fibras são produzidas a partir de materiais cerâmicos para várias utilizações: como reforço em materiais compósitos, para tecelagem em tecidos ou para utilização em sistemas de fibra ótica.

Junção e montagem de componentes cerâmicos - As cerâmicas são frequentemente fabricadas como componentes monolíticos em vez de conjuntos de vários componentes.

CAPÍTULO 7

7. COMPOSTOS CERÂMICOS AVANÇADOS

Os compostos ferroeléctricos de bismuto em camadas da chamada família aurivillius têm recebido uma atenção crescente como materiais potencialmente interessantes para muitas aplicações, como dispositivos piezoeléctricos sem chumbo a altas temperaturas ou memórias ferroeléctricas de acesso aleatório. O titanato de bismuto e sódio ($Bi_{0,5}Na_{0,5}TiO_3$, $Bi_{4,5}Na_{0,5}Ti_4O_{15}$ (BNT) é um ferroelétrico clássico com um máximo acentuado de variação térmica da permissividade dieléctrica próximo dos níveis de temperatura de curie. O BNT é atualmente considerado como um potencial material ferroelétrico sem chumbo [19]

As modificações na cerâmica de titanato de bismuto e sódio ($Bi_{0.5}Na_{0.5}TiO_3$) provaram ser úteis no processo de polimento, formando uma solução sólida com titanato de bismuto e potássio ($Bi_{0.5}K_{0.5}TiO_3$). Entre eles, o titanato de bismuto e sódio e potássio revela propriedades piezoeléctricas e dieléctricas relativamente elevadas perto dos limites da fase morfotrópica romboédrica-tetragonal (MPB) [20]. A fadiga de polarização pode ser ultrapassada com sucesso através da adoção de óxidos ferroeléctricos com uma estrutura de perovskite em camadas, como é o caso do tantalato de bismuto e estrôncio ($SrBi_2Ta_2O_9$) e, mais recentemente, dos titanatos de bismuto substituídos com dióxido de cério e gadolínio [21].

Recentemente, muitos autores desenvolveram a síntese de pós, como os métodos sol-gel e hidrotérmico. O método do gel de ácido esteárico permite que o grupo ácido carboxílico e a longa cadeia de carbono do ácido esteárico lhe confiram uma forte capacidade de dispersão dos precursores metálicos. Neste método de gel de ácido esteárico, a mistura é efectuada no estado fundido, de modo a que os iões metálicos fiquem bem dispersos e separados pelo ácido esteárico no sistema de mistura. Cada componente estava uniformemente uniforme na mistura resultante após a remoção das substâncias orgânicas por combustão. O titanato de bismuto e sódio ($Bi_{4.5}Na_{0.5}Ti_4O_{15}$), sintetizado pelo método do gel de ácido esteárico, apresenta propriedades melhoradas em comparação com o composto sintetizado pelo método de reação em estado sólido

[22].

Os materiais electrocristalinos policristalinos de titanato de bismuto e sódio apresentam amplas aplicações, como as propriedades piezoeléctricas e ferroeléctricas. Para melhorar o desempenho das memórias ferroeléctricas e dinâmicas de acesso aleatório (FRAM e DRAM), os materiais de titanato de bismuto e sódio puro e dopado desempenham um papel importante. O titanato de bismuto e sódio dopado com materiais de óxido de gadolínio e de cério apresenta propriedades muito importantes. Também neste trabalho, pela primeira vez, o titanato de bismuto e sódio foi sintetizado pelo método do gel de ácido esteárico.

REFERÊNCIAS:

[1] . Nan Lin, Yuehui He, Jin Zou, Propriedades mecânicas melhoradas e resistência à oxidação de carbonetos cimentados de carboneto de tungsténio-cobalto com adições de nitreto de alumínio, Ceramics International, Volume 43, Edição 8, 1 de junho de 2017, Páginas 66036606.

[2] . Sergey Yu. Sokovnin, Vladislav G. Il'ves, Vladimir R. Khrustov, Mikhail G. Zuev, Investigação das propriedades das cerâmicas de ZnO sinterizadas a partir de nanopós de ZnO-Zn produzidos por evaporação por feixe de electrões pulsados, Ceramics International, Volume 43, Edição 14, 1 de outubro de 2017, Páginas 10637-10644.

[3] . Javad R. Gatabi, Shafiqur Rahman, Ana Amaro, Taylor Nash, Ravi Droopad, Tuning electrical properties of PZT film deposited by Pulsed Laser Deposition, Ceramics International, Volume 43, Issue 8, 1 de junho de 2017, Páginas 6008-6012.

[4] . P. Vlazan, P. Sfirloaga, M. Poienar, M. Stoia, Estrutura e propriedades de cerâmicas nanocristalinas de KNbO3 dopadas com Bi3+ obtidas pelo método hidrotérmico, Materials Today: Proceedings, Volume 4, Edição 7, Parte 1, 2017, Páginas 7018-7024.

[5] . Lin Wang, Haoshuang Gu, Jian He, Tingting Zhao, Yuebin Li, nanopartículas cúbicas de NaNbO3 sintetizadas em escala com adsorção recuperável e fotodegradação para remoção imediata de azul de metileno, Journal of Alloys and Compounds, Volume 695, 25 de fevereiro de 2017, Páginas 599-606.

[6] . S. Supriya, S. Kalainathan e S. Swaroop, Particle size analysis of gadolinium doped sodium bismuth titanate ceramics, Archives of Applied Science Research, Volume 2(5), 2010, Pages 325-330.

[7] . S. Supriya, S. Kalainathan e S. Swaroop, Síntese e caraterização de cerâmicas de titanato de potássio e sódio dopadas com CeO2, International Journal of ChemTech Research, Volume 3, Edição 1, 2011, Páginas 488-494.

[8] . P. Bomlai, N. Muensit, S.J. Milne, Propriedades estruturais e eléctricas de (1-x)(Na0.465K0.465 Li0.07)NbO3 - x CaTiO3 cerâmicas piezoeléctricas sem chumbo com alta temperatura Curie, Procedia Engineering, Volume 32, 2012, Páginas 814-820.

[9] . Lines M.E. e A.M. Glass (1977). "Principles and applications of Ferroelectrics and related materials", Clarendon Press, Oxford.

[10] . Burfoot Jack, C e W. George Taylor (1979), "Polar dielectrics and their applications", The Macmillan Press, Londres.

[11] . M. Ishii, D. Ohta, M. Uehara, Y. Kimishima, Vacancy Induced Ferromagnetism in Nano-BaTiO3, Procedia Engineering, Volume 36, 2012, Pages 578-582.

[12] Hwi-Yeol P., A. Cheol-Woo, S. Hyun-Cheol, L. Jong-Heun e N. Sahn, (2006). Microestrutura e propriedades piezoeléctricas de cerâmicas 0.95(Na0.5K0.5)NbO3-0.05BaTiO3, Carta de Física Aplicada, Volume 89, Páginas 96-99.

[13] . Changrong, Z., L. Xinyu, L. Weizhou, Y. Changlai (2009). Estrutura e propriedades piezoeléctricas de $Bi_{0.5}$ $Na_{0.5}$ TiO -Bi_{30} . $K_{50.5}$ TiO -$BiFeO_{33}$ cerâmicas piezoeléctricas sem chumbo, Materails Chemistry and Physics, Volume 114, Páginas 832836.

[14] . Hubner K.H. Never Jahrb, Mineral Montash, 1969, Páginas 335-342.

[15] . Yue-Ming, L., C. Wen, Z. Jing, X. Qing, G. Xing-Yong, L. Run-Hua (2005). Espectroscopia de impedância e propriedades dieléctricas de $Na_{0.5}$ $Bi_{0.5}$ TiO -$NaNbO_{33}$ ceramics, Physica B: Condensed Matter Volume 365, 2005, Pages 76-81.

[16] . Wangfeng Bai, Lingyu Li, Wei Wang, Bo Shen, Jiwei Zhai, Diagrama de fases e efeito electrostritivo em cerâmicas baseadas em BNT, Solid State Communications, Volume 206, março de 2015, Páginas 22-25.

[17] . Wei Jin, Wenlong Yin, Shengquan Yu, Mingjin Tang, Hui Huang, Propriedades dieléctricas em micro-ondas de cerâmicas transparentes de YAG puro, Materials Letters, Volume 173, 15 de junho de 2016, Páginas 47-49.

[18] . Hanting Dong, Jie Jian, Hongfang Li, Dengren Jin, Jinrong Cheng, Melhoria da sintonização dielétrica de filmes finos multicamadas PZT/BST em substratos de Ti, Journal of Alloys and Compounds, Volume 725, 25 de novembro de 2017, Páginas 54-59.

[19] . A.Watcharapasorn, S. Jiansirisomboon Cinética de crescimento de grãos em cerâmicas Bi0.5Na0.5TiO3 dopadas com Dy, Ceramics International, 2008, Volume 34, Páginas 769-772.

[20] . Jung-Kun Lee, Kug Sun Hong, Chang Kyung Kim, Seug-Eek Park (2002). Transições de fase e propriedades dieléctricas em cerâmicas de TiO3 ($Na_{1/2}Bi_{1/2}$)TiO3 substituídas por iões no local A (A=Pb e Sr), Journal of Applied. Physics, Volume 91, 2002, Páginas 45384542.

[21] . Sang Su Kim, Ji Cheul Bae, Won-Jeong Kim, Fabrication and ferroelectric studies of (Bi, Gd)$_{4}Ti_{3}O_{12}$ thin films grown on $Pt/Ti/SiO_2/Si$ and p-type Si substrates. Journal. of Crystal Growth, Volume 274, 2005, Páginas 394-401.

[22] . Wang X.X., K.W. Kwok, X.G. Tang, H.L.W. Chan, C.L. Choy (2004) Electromechanical properties and dielectric behavior of ($Bi_{1/2}$ $Na_{1/2}$)$_{(-11 .5x}$)Bi_x TiO3 lead-free piezoelectric ceramics, Solid State Communication, Volume 129, 2004, Pages 319-323.

MIX
Papier aus verantwortungsvollen Quellen
Paper from responsible sources
FSC® C105338

Printed by Books on Demand GmbH, Norderstedt / Germany